Die Reihe

AUF SCHIENEN UNTERWEGS

HEIN LÜTTENBORG

DIE NEBENBAHN MALENTE-GREMSMÜHLEN–LÜTJENBURG

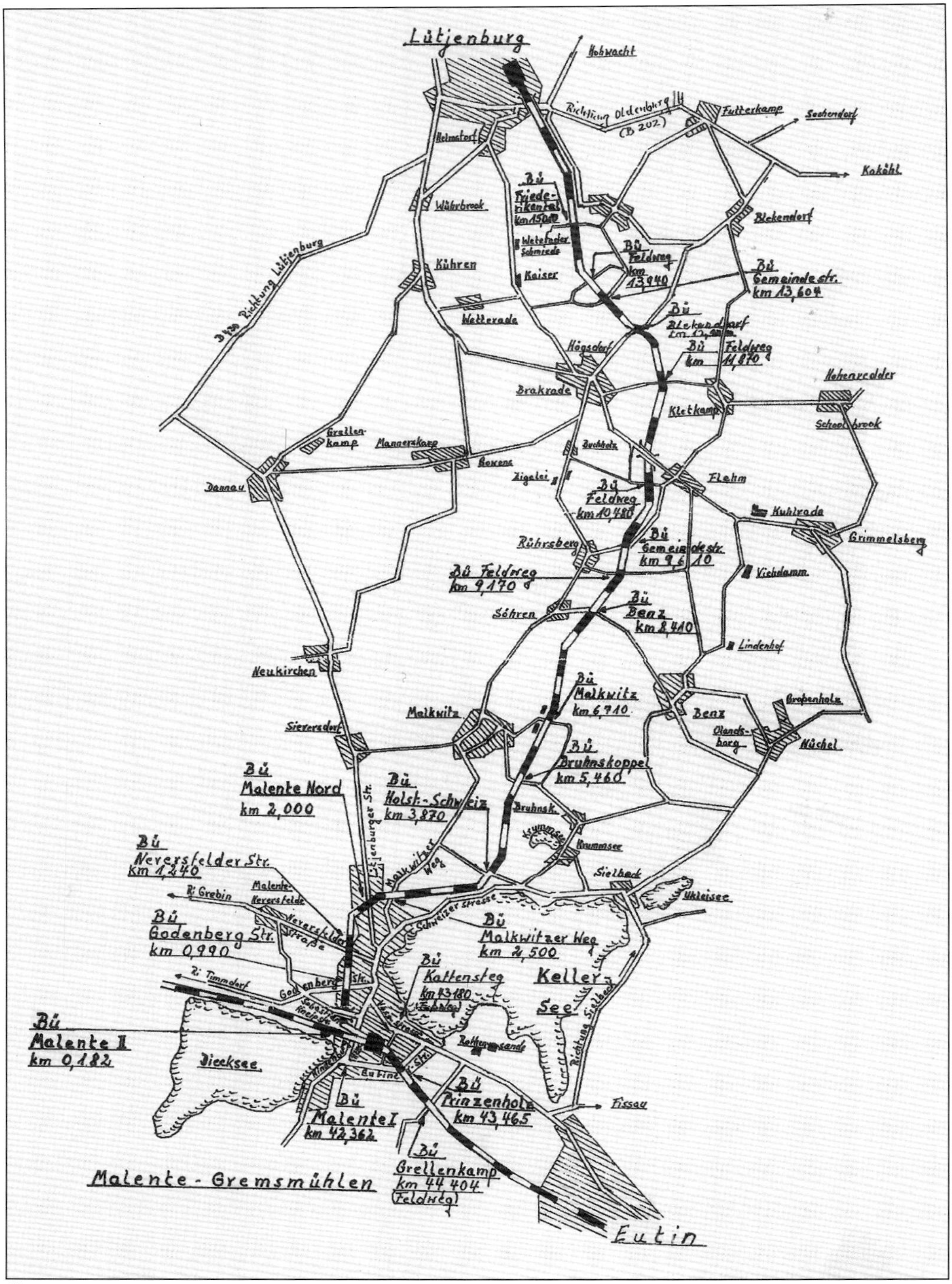

Übersichtskarte der Strecke mit allen Bahnhöfen, Haltestellen und Bahnübergängen. Diese Karte war bis zur Stilllegung der Strecke gültig.

Die Reihe

AUF SCHIENEN UNTERWEGS

HEIN LÜTTENBORG

DIE NEBENBAHN MALENTE-GREMSMÜHLEN–LÜTJENBURG

Olaf Hamelau / IG Eisenbahn in Lütjenburg

SUTTON VERLAG

Sutton Verlag GmbH
Hochheimer Straße 59
99094 Erfurt
http://www.suttonverlag.de

ISBN: 978-3-86680-337-4

Druck: Druckhaus „Thomas Müntzer“ | Bad Langensalza

Im Juni 1946 durcheilt ein Rotkreuz-Zug den Bahnhof Eutin. Eigentlich müsste das Buch „Die Nebenbahn Eutin–Lütjenburg“ heißen, da Eutin Geld zum Bahnbau gegeben hatte und viele Züge von und nach Eutin fuhren. Da der Bahnhof Eutin aber bereits in anderen Büchern ausreichend beschrieben wurde, soll dieses eine Foto genügen.

Inhaltsverzeichnis

Danksagung und Fotonachweis

Die Fotos, Ansichtskarten und Pläne stammen – soweit nicht anders gekennzeichnet – von den Verfassern. Für die Bereitstellung von weiterem Bildmaterial gilt besonderer Dank:

Franz Babener: S. 40o.; Hans Joachim Bartels: S. 11u., 12o., 13u., 15o., 15u.; Uwe Blücher: S. 33u.; Frank Boller: S. 22u, 73o.; Alberto Brosowsky: S. 46o., 50u.; Jutta Carstensen: S. 44o., 45o.; Familie Doornkaat: S. 23o., 42o., 43o.; Horst Ebert: S. 41u., 47u.; Sabine Fabig: S. 50o.; Konrad Harms: S. 16u., 17o., 49u.; Familie Heins: S. 39o., 39u.; Hans Hermann Hoyer: S. 19o.; Familie Josucks: S. 16o.; Siegfried Kieselbach: S. 30, 58u., 75o., 75u.; Familie Krüger: S. 41o.; Landesbibliothek Kiel: S. 14u., 36o., 51u.; Irmgard Lenkewitz: S. 53o.; Arnd Volkmar Lewandowski: S. 27u., 38u.; Henrik Ley: S. 83o.; Ronny Maarud: S. 21u.; Karsten Marzian: S. 57o.; Walter Meyer: S. 63o.; Peter Moldenhauer: S. 78u.,79u., 80o., 80u.; Foto Neuhäuser: S. 64u.; Wolfgang Obytz: S. 22o., 70o., 70u.; Willi Paustian (†): S. 23u., 24o., 38o., 57u., 62u., 64o., 65o., 65u., 66o., 66u., 68o., 68u., 69o., 71o., 71u., 72o., 72u., 74o., 74u., 76o., 76u., 77o., 77u.; Ellen Rings: S. 58o.; Heinz Rohlf: S. 73u.; Rolf Röhling: S. 12u.; Arno Rosplesch: S. 18u.; Hartwich Rowedder: S. 18o., 21o.; Detlef Schikorr: S. 26u., 45u.; Peter Scholwien: S. 20o., 20u., 28o., 28u., 78o.; Volker Siewke: S. 47o.; Staatsarchiv Hamburg: S. 13o., 36u., 42u., 43u., 49o., 53u., 54, 55; Heinz Tesch: S. 9o., 59u., 60o., 61u., 62o., 63u., 67o.; Ferdinand Urbahns (†): S. 4, 17u., 31u.; Herbert Venneberg (†): S. 48, 61o.; Benno Wiesmüller: S. 24u., 25o., 25u., 26o., 27o.; Gerhard Wohlgemuth: S. 19u.

Dieses Buch ist Willi Paustian gewidmet. Willi Paustian verfügte nicht nur über eine große Sammlung von Eisenbahnunterlagen aus der Region, er konnte uns auch seine Erfahrungen und Geschichten über die Eisenbahn in und um Lütjenburg sehr anschaulich darlegen. Willi Paustian pendelte noch auf den beiden von Lütjenburg ausgehenden Strecken. Die Kleinbahn benutzte er sogar, um zu seinem Arbeitsplatz nach Kiel zu kommen. Willi Paustian verstarb im September 2007. Wir werden ihn nicht vergessen.

Weiterhin vielen Dank an: Werner Hass und Hans Harald Kloth sowie alle, die uns mit Rat und Tat zur Seite standen.

Einführung

Bereits 1878 gab es erste Planungen für den Bau einer Schmalspurstrecke (Spurweite 750 Millimeter) von Eutin über Sielbek und Benz nach Flehm und weiter über Lütjenburg nach Hohwacht sowie für einen Abzweig von Flehm über Oldenburg/Holstein weiter nach Heiligenhafen. Dieses Projekt kam jedoch über die Nivellierung nicht heraus. Zeitgleich plante die Altona-Kieler Eisenbahngesellschaft (AKE) ebenfalls Strecken in diesem Gebiet: eine Verbindung zwischen Lütjenburg und Gremsmühlen sowie von Oldenburg/Holstein nach Neustadt/Holstein. Letztere wurde dann auch verwirklicht.

Im Jahre 1886 wurden die Planungen für eine Strecke von Eutin nach Lütjenburg wieder aufgenommen. Die ersten Ideen sahen eine 19,5 Kilometer lange Strecke von Eutin direkt an den Kellersee nach Sielbek vor. Dort war für den Touristenverkehr die Haltestelle Sielbeck-Ukleisee angedacht. Von da aus sollte die Strecke zwischen Keller- und Ukleisee hindurch bis nach Benz sowie weiter nach Kletkamp und Lütjenburg führen. Die Haltestelle Benz hätte dabei in der Nähe des Gutshofs Benz errichtet werden sollen. Aber die topografischen Schwierigkeiten auf dem Gebiet des Fürstentums Lübeck ließen dieses Projekt scheitern. So wurden die Planungen wieder aufgenommen und man änderte die Linienführung: Sie führte nun von Eutin aus nördlich am Sibbersdorfer See vorbei, um anschließend östlich des Lebeben Sees über Klein Nüchel nach Benz auf die ursprünglich geplante Trasse zu kommen. Die Strecke hätte sich auf 21,5 Kilometer verlängert. Östlich des Forstgutes Wüstenfelde war eine Haltestelle geplant. Aber auch hier waren die topografischen Hindernisse unüberwindlich. Außerdem wäre die geplante Haltestelle zu weit entfernt gewesen, um Touristen in die Gegend zu locken.

Der Einfluss des Kaufmanns Johann Janus dürfte eine große Rolle bei der weiteren Planung gespielt haben. Er betrieb neben einer Dampfschifffahrtsgesellschaft auch das Hotel „Holsteinische Schweiz“, nach dem auch der Bahnhof seinen Namen erhielt. Und so wurde die 17,5 Kilometer lange Strecke von Gremsmühlen nach Lütjenburg geplant und gebaut. Bei dieser Planung sollte auf die Haltestelle Benz verzichtet, stattdessen die Haltestelle Bruhnskoppel als Ersatz errichtet werden. Warum dann Benz trotzdem eine Haltestelle erhielt, ließ sich nicht mehr ermitteln.

Der Vertrag zum Bau der Strecke wurde am 15. Mai 1888 vom Großherzog von Oldenburg und der Preußischen Regierung unterzeichnet. Die Grenze verlief damals zwischen Flehm und Benz. Diesem Zustand haben wir es zu verdanken, dass es an der Strecke zwei unterschiedliche Bauweisen bei den Empfangsgebäuden gibt. Auf dem Gebiet Preußens (Holsteinische Schweiz, Bruhnskoppel und Benz) wurden die Gebäude mit ockerfarbenen Ziegelsteinen erbaut, auf Oldenburger Seite (Kletkamp und Lütjenburg) in Fachwerkbauweise mit Schindeln.

Der Bahnbau wurde am 7. April 1889 genehmigt und zusammen mit der Betriebsführung von der Preußischen Staatsbahn übernommen. Am Bahnbau waren zunächst 100 Arbeiter beschäftigt, deren Zahl allerdings bis auf 300 anstieg. Aufgeteilt waren die Arbeiter in zwei Gruppen. „Schacht 1“ baute die Strecke von Gremsmühlen bis zur Haltestelle Holsteinische Schweiz. Der Vorarbeiter wohnte in Gremsmühlen. Die Gruppe „Schacht 2“ baute die restliche Strecke nach Lütjenburg. Diese Gruppe bestand nur aus Italienern, deren Vorarbeiter in Lütjenburg wohnte.

Für den Bahnbau wurde in Gremsmühlen eine Feldbahn gebaut, deren Betriebsmittelpunkt sich an der heutigen Bahnhofstraße 29 befand. Dort gab es neben einer Schmiede einen Verschiebebahnhof und den Lokschuppen der Feldbahn. In Gremsmühlen mussten große Erdmassen bewegt werden, um die Bahn bauen zu können. Gleich hinter dem Bahnhof Gremsmühlen liegt der mit 250 Metern engste Radius, der notwendig wurde, um eine 50 Meter hohe Anhöhe zu umgehen. Auf diese Weise konnten 25.000 Kubikmeter Bodenaushub vermieden werden. Der gewählte Einschnitt hatte aber immer noch eine Höhe von 16,7 Metern. Die gewonnenen Erdmassen wurde zum Teil für den weiteren Bahnbau (Holsteinische Schweiz und Flehm) benötigt, der Rest wurde zum Anlegen von Wegen und Promenaden in Gremsmühlen verwendet.

Die Strecke ist 17,8 Kilometer lang, wobei sich 8,75 Kilometer auf Gebiet des Großherzogtums Oldenburg und 9,05 Kilometer auf preußischem Gebiet befinden. Die Grunderwerbskosten betrugen 105.700 Mark, wobei das Großherzogtum Oldenburg 50.200 Mark und Preußen 55.200 Mark aufbrachte. Die Baukosten beliefen sich auf 1.110.000 Mark. Davon zahlte das Großherzogtum Oldenburg 545.600 Mark, Preußen 564.400 Mark.

Der Verkehr auf der Strecke nach Lütjenburg wurde mit Tenderlokomotiven der Baureihe T 3 aufgenommen. Abgelöst wurde die T 3 in den Dreißigerjahren durch die T 9.3, die bis Ende der Vierzigerjahre auf der Strecke lief. Um 1950 kamen die Baureihen 74 (T 11) und 92 (T 13) auf der Strecke zum Einsatz, die sich bis zum Ende der mit Dampfloks geführten Personenzüge im Mai 1954 auf der Strecke hielten. Die Lokomotiven gehörten zum Betriebswerk (Bw) Kiel, wobei Lütjenburg Lokeinsatzstelle war. Zum Beginn des Sommerfahrplans am 23. Mai 1954 änderten sich die Fahrzeuge und das Einsatz-Bw. Im April 1954 wurden die Triebwagen VT 95-9351 und 9352 fabrikneu an das Bw Lübeck geliefert.

Zum Sommerfahrplan 1975 übernahm das Bw Buchholz die Lübecker VT-Leistungen. Im Güterverkehr wurden ab 1908/09 die neu an das Bw Kiel gelieferten Lokomotiven der Baureihe G 5.4 (Baureihe 54) eingesetzt. Neben den G 5 waren auch die T 3 weiterhin im Güterzugdienst zu finden. Im Güterzugdienst wurde die Baureihe 54 in den Dreißigerjahren zunächst durch die Baureihe 55 abgelöst. Nachdem das Bw Kiel den größten Teil seiner Güterzuglokomotiven der Baureihen 55 und 56 an die Ostfront hatte abgeben müssen, kam die Baureihe 54 noch einmal zurück. Nach Ende des Zweiten Weltkrieges kam dann die Baureihe 56 zum Einsatz. Im Güterzugdienst wurde 1952 die Baureihe 50 vom Bw Kiel eingesetzt (gefahren mit Personalen vom Bw Neumünster). Nachdem das Bw Kiel seine Dampflokunterhaltung 1958 aufgegeben hatte, wurden die 50er nach Neumünster abgegeben, aber weiter mit Kieler Personalen gefahren. Im Jahre 1966 gab dann auch das Bw Neumünster seine Dampflokunterhaltung auf und die 50er wanderten zum Bw Flensburg, was aber nichts am Einsatzgebiet und Personal änderte. Im Sommer 1969 wurde dann auch der Güterverkehr auf der Strecke endgültig verdieselt, das Bw Lübeck setzte Lokomotiven der Baureihe 212 von Neumünster aus ein. Danach folgten abwechselnd die Baureihe 260/261 sowie 211 und zum Schluss die Baureihe 360. Bei Bedarf fuhren auch Köf II und III aus Eutin nach Lütjenburg. Die Dieselloks der Baureihe 218 fuhren nur mit Durchgangsgüterzügen nach Lütjenburg.

Für die Militärzüge setzte die DB zunächst Lokomotiven der Baureihe 50 vom Bw Lübeck ein. Ab 1963 setzte das Bw Hamburg-Rothenburgsort die von Lübeck aus buchmäßig umgesetzten Lokomotiven auf der Strecke ein (weiterhin mit Lübecker Personalen). Abgelöst wurden die 50er Ende der Sechzigerjahre durch die Baureihe 212 (meistens in Doppeltraktion) sowie die Baureihe 221. Nur wenn keine Lokomotiven der Baureihen 212 und 221 zur Verfügung standen, kamen Lokomotiven der Baureihen 216 und 220 zum Einsatz. Nachdem die Baureihe 221 ausgemustert war, setzte die DB die Baureihen 212 und 218 ein.

1

Der Bahnhof Malente-Gremsmühlen

Verträumt liegt der Bahnhof Malente-Gremsmühlen inmitten von Wäldern am Rande der Holsteinischen Schweiz. Diese Aufnahme entstand in den Fünfzigerjahren.

Der Bahnhof Gremsmühlen wurde am 31. Mai 1866 gleichzeitig mit der Strecke Neumünster–Neustadt (Holstein) eröffnet. Zunächst erhielt die Station nur ein kleines Empfangsgebäude mit Dienstraum im Erdgeschoss und einer Dienstwohnung im Obergeschoss. Im Anbau befanden sich der Güterschuppen und der Warteraum. Die ersten Züge hielten in Gremsmühlen zunächst nur bei Bedarf, erst ab April 1873 war der Halt für alle Züge planmäßig. Die Zahl der Züge stieg dabei von zwei auf drei gemischte Züge täglich an.

Das neue Empfangsgebäude wurde 1893 fertiggestellt, ca. ein Jahr nach Betriebsaufnahme der Strecke nach Lütjenburg. Im Empfangsgebäude befanden sich Diensträume, eine Bahnhofsgaststätte, Wartesäle erster, zweiter und dritter Klasse sowie Dienstwohnungen im Obergeschoss. Neben dem Empfangsgebäude stand ein separates Toilettenhaus. Außer dem neuen Empfangsgebäude wurden zwei Wärterstellwerke (Gm West und Gm Ost; Gm = Gremsmühlen), ein Materialschuppen, eine Wagenwäsche und einige Ställe errichtet. Das alte Empfangsgebäude diente von nun an als Güterschuppen. Neben den drei Bahnsteiggleisen verfügte der Bahnhof nun über ein Umlaufgleis, zwei Ladegleise (davon eines mit Kopframpe) und ein Abstellgleis. Insgesamt gab es um die Jahrhundertwende elf Weichen und eine doppelte Kreuzungsweiche.

Am 17. November 1905 erfolgte die Namensänderung in Malente-Gremsmühlen, weil es immer wieder zu Verwechselungen zwischen Gremsmühlen und Grevesmühlen in Mecklenburg gekommen war. Reisende aus Richtung Lübeck landeten, genau wie Gepäck und Güter, oft am falschen Bahnhof. Im Jahre 1911 wurde die Strecke von Malente-Gremsmühlen nach Eutin zweigleisig ausgebaut, gleichzeitig erweiterte die Preußische Staatseisenbahn die Gleisanlagen in Malente. Um die ständig wachsende Zahl der Ausflugszüge unterbringen zu können, wurde eine Abstellgruppe mit vier Gleisen und ein Ausziehgleis eingerichtet. Auch ein Umlaufgleis Richtung Lütjenburg kam hinzu. Ebenfalls mussten die Gleisanlagen für den Güterverkehr erweitert werden: Es wurde ein neues Ladegleis mit einer Länge von 190 Metern sowie eine Gleiswaage errichtet. Zum Schluss erhielt der Bahnhof Sicherungsanlagen wie sie auf Hauptstrecken vorgeschrieben waren.

Das Empfangsgebäude wurde mehrfach umgebaut und erweitert. Am Bahnübergang Bahnhofstraße/Hindenburgstraße entstand ein Personentunnel, um den Bewohnern die Möglichkeit zu geben, auch bei geschlossener Schranke die Gleise zu passieren. In den Dreißiger- und Vierzigerjahren hatte der Güterverkehr so stark zugenommen, dass die DRG eine Kleinlok in Malente beheimatete. Hauptsächlich wurden Kies, Langholz sowie Vieh und einige landwirtschaftliche Erzeugnisse versendet. Im Eingang waren es vor allem Stückgut, Hausbrand, Baustoffe und Düngemittel. Nach dem Zweiten Weltkrieg ging der Güterverkehr stark zurück, sodass zum Schluss nur noch ein Wagen zugestellt wurde. Ein hochwertiger Güterzug fuhr zwar durch Malente, hielt aber nicht an. Es war der TEEM 5079, der in den Siebzigerjahren bespannt mit einer Diesellok der Baureihe 221 von Avignon über Hamburg-Eidelstedt, Ascheberg, Eutin, Neustadt/Holstein, Puttgarden, Kopenhagen bis nach Helsingborg fuhr. Im Personenverkehr auf der Strecke Lübeck–Kiel waren bis Mitte der Sechzigerjahre die Baureihen 24, 38 und 78 anzutreffen sowie im Güterverkehr die Baureihe 50. Abgelöst wurden die Dampflokomotiven durch Dieselloks der Baureihen 211/212, 218, 220, 221 sowie Triebwagen der Baureihen 515, 612/613 und 798.

Seit den Siebzigerjahren wurde die Infrastruktur immer weiter zurückgebaut, sodass von den einstmals umfangreichen Gleisanlagen heute nicht mehr viel existiert. Es gibt nur noch Gleis 1 für die Züge nach Kiel und Gleis 2 für die Züge nach Lübeck. Der ehemalige Güterschuppen wurde abgerissen, dort befindet sich ein Parkplatz. Der Mittelbahnsteig wurde durch einen Seitenbahnsteig ersetzt. Der Bahnhof Malente-Gremsmühlen verfügt heute nur noch über eine Weiche.

Soeben ist der Personenzug aus Neumünster zur Weiterfahrt nach Neustadt/Holstein eingetroffen. Abfahrbereit steht der Personenzug nach Lütjenburg am Bahnsteig. Die Aufnahme stammt aus den Dreißigerjahren.

Etwa zur gleichen Zeit entstand diese Aufnahme von der anderen Seite des Bahnhofs mit dem Wasserkran am Lütjenburger Bahnsteig.

Nein, das ist keine Draisine im Jahr 2008. Diese Aufnahme dürfte unmittelbar vor der Betriebsaufnahme entstanden sein, als Restarbeiten an der Strecke erledigt wurden.

Der 7. August 1993 war ein besonderer Tag, denn ein Sonderzug mit gleich zwei Dampflokomotiven erreichte den Bahnhof Malente-Gremsmühlen. Die Dampflokomotiven 042 271 und 012 100 brachten 400 Fahrgäste in die Holsteinische Schweiz. Während die 012 100 alleine nach Eutin fuhr, unternahm die 042 271 zwei Pendelfahrten nach Lütjenburg und zurück, an denen gut 800 Fahrgäste teilnahmen.

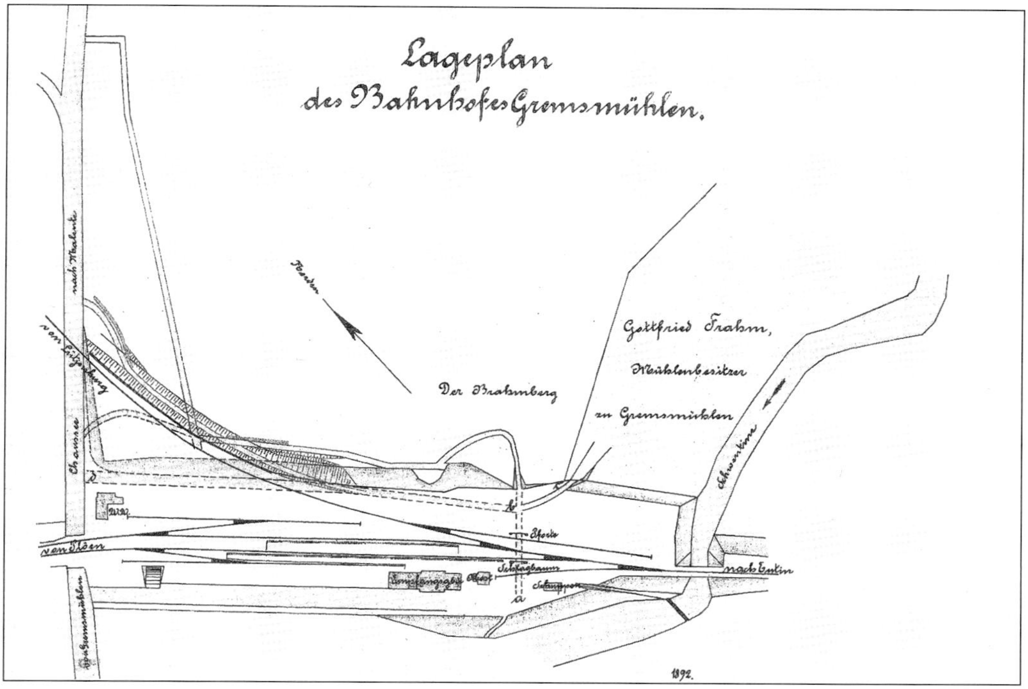

Recht spartanisch wirkten die Gleisanlagen des Bahnhofs Gremsmühlen im Jahre 1892. Der Ausbau begann aber bereits ein Jahr später.

Mächtig ins Zeug legen muss sich die Preußische T 3, um 1908 mit ihrem Güterzug die Steigung Richtung Holsteinische Schweiz zu bewältigen. Zuvor hat der Güterzug die Kurve mit dem engsten Radius der Strecke (250 Meter) hinter sich gebracht.

Auf der linken Seite steht das Wärterstellwerk Gm West. Es wurde beim Ausbau des Bahnhofs Gremsmühlen im Jahre 1892 errichtet. Später diente es nur noch als Schrankenposten und wurde bereits um 1920 abgerissen.

Wollte man vom Luisensteig zum Bahnhof, musste man die Schranke passieren.

Schon vor 1878 wurde in Gremsmühlen auf der Kreuzfelder Koppel Kies abgebaut. Aber erst 1927 wurde eine Feldbahn zum Bahnhof angelegt. Am Bahnhof neben dem Güterschuppen zog eine Motor-Seilzugwinde die Loren auf die Verladerampe und entleerte sie in die bereitstehenden Güterwagen. Zunächst zogen für kurze Zeit Pferde die Loren, später eine Dampflok, was aber zu heftigen Protesten der Anwohner führte. Daraufhin beschaffte das Kieswerk zwei gebrauchte Diesellokomotiven.

Diese Aufnahme zeigt die Steinsortieranlage im Kieswerk. In den Dreißigerjahren war die Nachfrage nach Kies so groß, dass an der Ecke Plöner Straße/Olandsweg ein Kreuzungsgleis angelegt wurde. Von da ab waren zwei Züge gleichzeitig auf der Strecke unterwegs. In der Hochzeit des Kieswerks 1937/38 wurden bis zu 800 Tonnen Kies gefördert. Über 100 Arbeiter waren in zwei Schichten beschäftigt. Nach dem Krieg verlor die Bahn schnell an Bedeutung, da der Kiestransport auf die Straße verlagert wurde. Die Gleise wurde um 1952 abgebaut.

Herbert Josucks (* 20. Februar 1923) Eisenbahnerleben begann im April 1941 bei der Reichsbahndirektion (RBD) Königsberg. Nach seiner Ausbildung wurde er als Schaffner, Lokmelder, Zugbegleiter, Zugführer und auf Stellwerken eingesetzt. Nach seiner Flucht erreichte er krank im März 1945 Rachut bei Malente. Anfang September nahm er seinen Dienst im Bahnhof Hamburg-Wilhelmsburg wieder auf. Ab Ende 1945 arbeitete er abwechselnd für die Bahnmeisterei Eutin oder in Lütjenburg. Ab 1. Oktober 1958 tat er bis zu seiner Pensionierung im Februar 1983 Dienst auf dem Bahnhof Malente, u. a. als Betriebsaufseher und Bundesbahnsekretär.

Um 1960 stellte sich ein Teil des Malenter Bahnhofspersonals zum Foto auf: (von links) Heinz Hüttmann (Aufsichtsbeamter), Konrad Harms (Fahrdienstleiter), Willi Riemer (Ausbildung) und Erich Zemke (Fahrkartenschalter). Seit der Umstellung auf das ESTW (Elektronisches Stellwerk) im Jahre 2005 ist der Bahnhof Malente nicht mehr besetzt.

Am 25. Mai 1954 endete der Einsatz von Dampflokomotiven im Personenverkehr auf der Lütjenburger Strecke. Hier hat das Zug- und Bahnhofspersonal für ein Abschiedsfoto vor der 74 786 (Bw Kiel) Aufstellung genommen.

Abgelöst wurden die mit Dampflokomotiven bespannten Personenzüge durch Triebwagen der Baureihe V 95. Hier macht sich ein Schienenbus auf den Weg nach Lütjenburg.

Auch der Bahnhof Malente-Gremsmühlen besaß, was wenig bekannt ist, eine Signalbrücke. Sie stand an der Ausfahrt in Richtung Kiel. Die Aufnahme stammt aus den Fünfzigerjahren.

Der Fahrdienstleiter Arno Rosplesch steht am 1. Januar 1958 im Stellwerk Mf (Mf = Malente Fahrdienstleiter). Dieses Stellwerk befand sich in einem Anbau am Gleis 1. Seitdem die alte Stellwerkstechnik ausgedient hat, ist dort ein Reisebüro untergebracht.

Im Personenverkehr unverzichtbar waren die Lokomotiven der Baureihe 38 (preußische P 8). Hier erreicht die 38 3449 am 7. Oktober 1956 den Bahnhof Malente-Gremsmühlen. Am Haken hat sie einen bunten Wagenpark: Pw3i (LBE), C3u (Pr. 04/30), BCi 29, C3t (Pr. 02/24), C3 (LBE) und am Schluss einen C3u (Pr. 04/30).

Fahrdienstleiter Gerhard Wohlgemuth bei einer Zugmeldung.

Auf dem Weg nach Lütjenburg passiert dieser Schienenbus im April 1970 das Einfahrtsignal nach Malente.

Eine Bahnmeisterdraisine vom Typ Klv 12 (mit breiter Motorhaube) macht im März 1972 in Malente Station. Dieser Fahrzeugtyp wurde ab Ende der Fünfziger- bis Mitte der Sechzigerjahre in großer Stückzahl von verschiedenen Herstellerfirmen an die DB geliefert. Die gut 11.000 DM teuren Fahrzeuge hatten einen 28-PS-VW-Motor und erreichten eine Geschwindigkeit von 70 Kilometern in der Stunde. Sie boten Platz für sechs Mitarbeiter und 750 Kilogramm Material. Das Eigengewicht betrug 1.500 Kilogramm.

Bahner trifft Fußballer: Was mögen sich die beiden wohl zu erzählen haben? Anlässlich der WM-Vorbereitungen im Jahre 1974 in der Sportschule Malente fuhren die DFB-Kicker mit einem Sonderzug ins geteilte Berlin.

Zahlreiche Fahrgäste verlassen den Zug. Wie viele mögen wohl in den wartenden Triebwagen in Richtung Lütjenburg einsteigen?

Blick vom Stellwerk MO (Malente Ost) auf einen ausfahrenden Schienenbus der Baureihe V 798. Dieser Triebwagen hatte den Laufweg Lübeck–Eutin–Lütjenburg–Eutin–Neustadt/Holstein. Für diesen an Sonntagen verkehrenden Zug gab es aber keinen Gegenlauf.

Das Umlaufgleis am Lütjenburger Bahnsteig wurde bereits 1975 zurückgebaut und an der Kopframpe ein Gleis gesperrt. Das langsame Sterben des Bahnhofs Malente begann und setzte sich bis zum Jahr 2005 fort. Heute gibt es nur noch eine Weiche, die genau wie die Signale von Lübeck aus ferngesteuert werden.

An einem Wochenende im Mai 1976 entstand diese Aufnahme eines gut besetzten Triebwagens kurz hinter dem Ausfahrtsignal in Malente.

Ankunft des letzten Personenzuges aus Lütjenburg in Malente-Gremsmühlen. Lange versuchte die Deutsche Bundesbahn, den Personenverkehr auf der Strecke nach Lütjenburg einzustellen. Am 29. Mai 1976 war es dann trotz vieler Proteste soweit. Wenn alle Züge so gut besetzt gewesen wären wie die Züge in den letzten Tagen vor der Stilllegung, dann wäre es wohl nie zur Einstellung gekommen.

Ein letztes Mal steht der Triebwagen am Bahnsteig zur Abfahrt nach Lütjenburg bereit.

Relikte aus der guten alten Zeit der Eisenbahn sind der Zugzielanzeiger und die Bahnsteigüberdachung. Die Aufnahme entstand 1981.

Nicht sehr beliebt waren die Steuerwagen, von den Lokführern auch „Affenkäfig" oder „Schießschartensteuerwagen" genannt.

Das Bild zeigt die Rückseite des ursprünglich als Empfangsgebäude errichteten Güterschuppens. Neben dem Gleis hinter dem Güterschuppen befand sich die Verladerampe für die mit Kies beladenen Loren.

Blick auf das Stellwerk MO und das Gleisvorfeld mit einigen Güterwagen. Diese dürften aber Bauzugwagen gewesen sein, da es zu diesem Zeitpunkt so gut wie keinen Güterverkehr mehr in Malente gab.

Der Bahnhof Malente-Gremsmühlen wurde immer wieder von Sonderzügen angefahren. Am 15. Oktober 1983 erreichte der MO-Triebwagen (Frichs 1953) der Freunde des Schienenverkehrs Flensburg den Bahnhof Malente-Gremsmühlen. Da dieser noch zwei Personenwagen mitgebracht hatte, musste umgelaufen werden. Nun steht diese Einheit zur Abfahrt bereit.

Zu den umweltfreundlichen Fahrzeugen gehörten mit Sicherheit die Akkutriebwagen der Baureihe 515. Im September 1980 befand sich eine zweiteilige Einheit im Vorfeld des Malenter Bahnhofs.

Die Lübecker 218 waren auf der Strecke nach Lütjenburg vor Durchgangs- (Dünger) und Militärgüterzügen im Einsatz. Am 30. Juli 1983 hat sich die 218 432 mit einem Zug von Lütjenburg auf den Weg gemacht und passiert eben den Bahnhof Malente. Die 218 432 befindet sich heute noch im Bw Lübeck und ist Dank ihrer Ausrüstung mit Doppelstockwagen auf der Strecke Hamburg–Lübeck unterwegs.

Für Bauzugdienste war die Flensburger 260 285-2 in Malente eingesetzt.

Das „Mädchen für alles" waren die V 100. Im Personen-, Güter- und Militärverkehr waren diese Lokomotiven in Malente anzutreffen. Hier ist die 212 036-8 mit einem Personenzug nach Lübeck unterwegs.

In den Neunzigerjahren wurde der Personenverkehr auf der KBS 145 Kiel/Lübeck auf Triebwagen umgestellt. Da die Triebwagen aber über zu wenig Sitzplätze verfügten, kam es zu Beschwerden der Fahrgäste. Die Proteste hatten Erfolg: Einige Umläufe wurden wieder auf lokbespannte Personenzüge umgestellt. Am 16. April 1994 erreicht die 218 161-8 den Bahnhof Malente-Gremsmühlen.

Soeben ist der V 628 in Richtung Lübeck abgefahren. Noch bis Ende 2009 werden diese Triebwagen in Malente anzutreffen sein. Abgelöst werden sie dann durch neu beschaffte Triebwagen der Baureihe Lint 41.

Stellvertretend für die Fernverbindungen von und nach Malente-Gremsmühlen steht hier am 21. Juli 1991 die 132 242-9 mit dem E 1330 Berlin-Lichtenberg–Kiel Hbf. Dieser Zug fuhr von Berlin-Lichtenberg bis nach Lübeck als D-Zug, von Lübeck nach Kiel dann als Eilzug weiter. Nachdem 1995 die InterRegio-Verbindung von Kiel nach Berlin eingestellt wurde, war es mit den Fernverbindungen auf der Strecke vorbei.

2

Die Unterwegsstationen

Nachdem der Krieg vorbei war, kam der Zugverkehr nach Lütjenburg nur langsam wieder ins Rollen. In den ersten Jahren verkehrte nur ein Zugpaar auf der Strecke. Im Juni 1948 ist die 91 1200 mit ihrem langen Zug in Höhe Neversfelde unterwegs nach Lütjenburg.

Die Strecke wurde in mehreren Abschnitten eröffnet. Als erstes wurde der Abschnitt von Gremsmühlen zur Haltestelle Holsteinische Schweiz freigegeben. Die Haltestelle liegt bei Kilometer 3,89. Die landespolizeiliche Abnahmefahrt erfolgte am 23. Mai 1890. Nennenswerte Mängel gab es nicht und so wurde der fahrplanmäßige Betrieb am 25. Mai 1890 aufgenommen. Der erste Fahrplan sah acht Zugpaare täglich vor, alle Züge führten die zweite und dritte Klasse. Die Zuglänge betrug 30 Achsen nebst Zuglok, einer preußischen T 3. Bei der Betriebsaufnahme verfügte die Haltestelle nur über zwei Weichen. Das massive Empfangsgebäude war noch im Bau, darin befand sich im Erdgeschoss ein Dienst- und ein Güterraum. Im Obergeschoss lag eine Dienstwohnung. Zu der Haltestelle gehörten noch ein Stall, Brunnen, Retiradengebäude und ein Abort. Ein separater Güterschuppen und eine Laderampe waren zunächst nicht geplant. Letztere wurde später aber doch errichtet. Die Bahnsteiglänge betrug zunächst 70 Meter. Für den Güterverkehr diente zunächst eine 100 Meter lange und fünf Meter breite Ladestraße, von der 50 Meter gepflastert waren. An Gleis 1 befand sich ein Warteraum, der 1896 wieder abgebaut wurde. Später entstand eine sehr ähnliche Überdachung an derselben Stelle. Größte Kunden im Güterverkehr waren zunächst die Ziegelei in Malkwitz und das Hotel „Holsteinische Schweiz". 1916 wurde am Bahnübergang direkt am Bahnhof eine Schranke errichtet.

Als zweiter Abschnitt wurde am 1. Juni 1890 die Strecke von der Holsteinischen Schweiz bis zur Haltestelle Schmiedendorf eröffnet. Die landespolizeiliche Abnahmefahrt fand am 29. Mai 1890 statt. Da keine größeren Mängel festgestellt werden konnten, stand der offiziellen Betriebsaufnahme nichts mehr im Weg. An diesem Streckenabschnitt lagen noch die Haltestelle Bruhnskoppel (bei Kilometer 5,49) und der Bahnhof Benz (bei Kilometer 8,32) sowie die Haltestelle Kletkamp (Kilometer 11,15). Bei der Betriebsaufnahme waren die Empfangsgebäude noch nicht einmal in Bau, als solche dienten zunächst einfache Blechgebäude.

Der Bahnhof Bruhnskoppel bestand aus einem massiven Gebäude mit einer Dienstwohnung und einem Dienstraum im Obergeschoss sowie einem Warteraum im Erdgeschoss. Die Haltestelle wurde 1890 in Betrieb genommen. Genau wie die Haltestelle Holsteinische Schweiz diente Bruhnskoppel überwiegend dem Fremdenverkehr. Die Bahnsteiglänge betrug 100 Meter. Die Haltestelle war ausgestattet mit einem Güterschuppen (an der linken Seite des Empfangsgebäudes, vom Bahnsteig aus gesehen), einem Abort sowie einer Schranke. Die Schranke wurde 1957 durch eine Blinklichtanlage ersetzt. In den Sechzigerjahren wurde ein zweiter Bahnsteig hinter der Straße in Richtung Lütjenburg gebaut. Die Bahnsteiglänge betrug danach jeweils 45 Meter.

Die Empfangsgebäude von Bruhnskoppel und Benz sind baugleich. Der einzige Unterwegsbahnhof Benz wurde am 2. Dezember 1890 provisorisch für den Güterverkehr in Betrieb genommen. Der Bahnhof besteht aus einem massiven Gebäude. In dem Gebäude befand sich im Obergeschoss die Dienstwohnung. Im Erdgeschoss war neben einem Dienstraum noch der Warteraum untergebracht. Neben dem Empfangsgebäude gab es noch einen Abort. Die Bahnsteiglänge betrug anfangs 50 Meter. Im Jahre 1893 entstand ein Militärkreuzungsgleis mit einer Länge von 500 Metern. Die großen Gebäude am Ladegleis gehörten später der Spar- und Darlehenskasse, wobei der hintere Schuppen erst in den Sechzigerjahren gebaut wurde. 1909 erweiterte man den Bahnhof Benz: Neben einem Mittelbahnsteig kamen private Lagerschuppen, eine Viehwaage sowie ein Pferdestall hinzu. Im Jahre 1913 wurde vom Bahnsteig aus gesehen an der linken Seite ein Güterschuppen angebaut und gleichzeitig in dem Anbau ein Behelfsstellwerk der Bauart Jüdel 1911 untergebracht. Die Spanngewichte waren gegenüber dem Stellwerksraum aufgestellt. Der Stellwerksraum schloss zu diesem Zeitpunkt noch bündig mit dem Empfangsgebäude ab. Anfang der Vierzigerjahre wurden zwei Weichen entfernt, außerdem vergrößerte man den Stellwerksraum, sodass jetzt eine bessere Sicht auf die Gleisanlagen möglich war.

1957 wurde die Schranke durch eine Blinklichtanlage ersetzt. Das Gleis 2 wurde im Jahre 1962 verlängert, wobei die Signale versetzt wurden. Der Bahnhof bekam 1971 noch Ausfahrtsignale, die aber 1978 genau wie die Einfahrtsignale und das Gleis 2 wieder abgebaut wurden. Der Bahnhof Benz wurde bis zum Jahre 1987 mit Güterwagen bedient. Bis zuletzt wurden beladene Güterwagen mit Getreide gestellt.

Das Fachwerkgebäude mit Schindeln in Kletkamp wurde am 8. Dezember 1890 in Betrieb genommen. Der Personenverkehr folgte am 1. Januar 1891. Diese Betriebsaufnahme war zunächst nur provisorisch, die Bedienung des Personen- und Güterverkehrs erfolgte mit Arbeitszügen. Im Obergeschoss befand sich die Dienstwohnung und im Erdgeschoss ein Warteraum sowie ein Dienstraum. Direkt an das Empfangsgebäude war der Güterschuppen angeschlossen, Richtung Straße befand sich außerdem noch ein Abort. Bei der Betriebsaufnahme gab es drei Handweichen, Kopf- und Seitenrampe und eine Schranke. Die Bahnsteiglänge betrug zunächst 50,5 Meter, später 85 Meter. Nachdem die DB den Tarifpunkt Kletkamp bereits in den Fünfzigerjahren aufgegeben hatte, blieben die Gleise als Privatanschlussgleis erhalten. 1972 wurden die Gleisanlagen bis auf das Gleis zur Kopframpe zurückgebaut, das 1978 ebenfalls abgebaut wurde.

Die Haltestelle Schmiedendorf wurde erforderlich, weil sich die Fertigstellung der Strecke verzögerte. Da sie aber nun unbedingt eröffnet werden sollte, wurde eine Behelfsstation in Schmiedendorf errichtet. Für diese Station wurde die Strecke bei Kilometer 16,2 nach Schmiedendorf verschwenkt. Diese Haltestelle verfügte über zwei Gleise mit drei Weichen, einen Bahnsteig für den Personenverkehr sowie eine Ladestraße für den Güterverkehr. Als die Schienenbusse den Personenverkehr übernahmen, wurden 1954 zeitgleich die Haltestellen Malente-Nord (bei Kilometer 2,01), Malkwitz (bei Kilometer 6,72), Blekendorf (bei Kilometer 13) und Friederikental (15,25) sowie 1955 der Haltepunkt Flehm (bei Kilometer 9,6) eröffnet. Alle Bahnsteige hatten eine Länge von 45 Metern und verfügten über keine Unterstellmöglichkeit für die wartenden Fahrgäste.

Anfang der Sechzigerjahre wurde die Strecke mit Nato-Mitteln von Grund auf erneuert. Die steigende Zahl von Militärgüterzügen machte dies erforderlich. Neben neuen Gleisen bekam die Strecke auch erstmals ein Schotterbett. Die Aufnahme entstand 1962.

Einige Züge führten Bahnpostwagen mit. In diesen Wagen wurden die Postsachen abgestempelt. Es gab für beide Fahrtrichtungen aber nur einen Stempel.

Entfernung km.	Eutin-Gremsmühlen-Lütjenburg.								26	Lütjenburg-Gremsmühlen-Eutin.							
	—	—		702	704	706	708		Zug Nr. Stationen. Zug Nr.	701	703	705	707		—	—	—
	—	—	—	1—3	1—3	1—3	1—3	—	Klasse Klasse	1—3	1—3	1—3	1—3	—	—	—	—
0,0	—	—	—	8.10	11.20	—	—	—	ab Eutin . . . . an	8.00	11.13	—	—	—	—	—	—
5,3	—	—	—	8.20	11.31	—	—	—	an Gremsmühlen . . . . ab	7.47	11.00	—	—	—	—	—	—
0,0	—	—	—	8.45	11.35	3.57	7 07	—	ab **Gremsmühlen** . . . . an	7.46	10.50	3.27	6.42	—	—	—	—
3,9	—	—	—	8.55	11.45	4.07	7 17	—	Holstein.. Schweiz	7.37	10.40	3.18	6.33	—	—	—	—
5,4	—	—	—	9.00	×11.49	×4.11	×7 21	—	Bruhnskoppel	7.32	10.33	×3.12	6.25	—	—	—	—
8,4	—	—	—	9.08	×11.57	4.20	7 30	—	Benz	7.24	10.24	3.05	6.16	—	—	—	—
1,1	—	—	—	9.16	×12.04	4.28	7 38	—	Kletkamp	7.15	10.15	2.57	6.07	—	—	—	—
7,2	—	—	—	9.30	12.18	4.42	7 52	—	an **Lütjenbg.** (Schmiedendorf) ab	7.00	10.00	2.42	5.52	—	—	—	—

Recht übersichtlich zeigt sich der Fahrplan vom 1. Oktober 1892.

Die Haltestelle Holsteinische Schweiz im Jahre 1895: Noch ist die Wartehalle vorhanden.

Das Hotel „Holsteinische Schweiz“ direkt am Kellersee gab der Haltestelle seinen Namen.

Der Plöner Prinzenbahnhof – der eigentlich Plön-Parkstation hieß – wurde aus der Wartehalle der Haltestelle Holsteinische Schweiz errichtet. Seit 1910 steht diese Überdachung am Plöner Bahnhof.

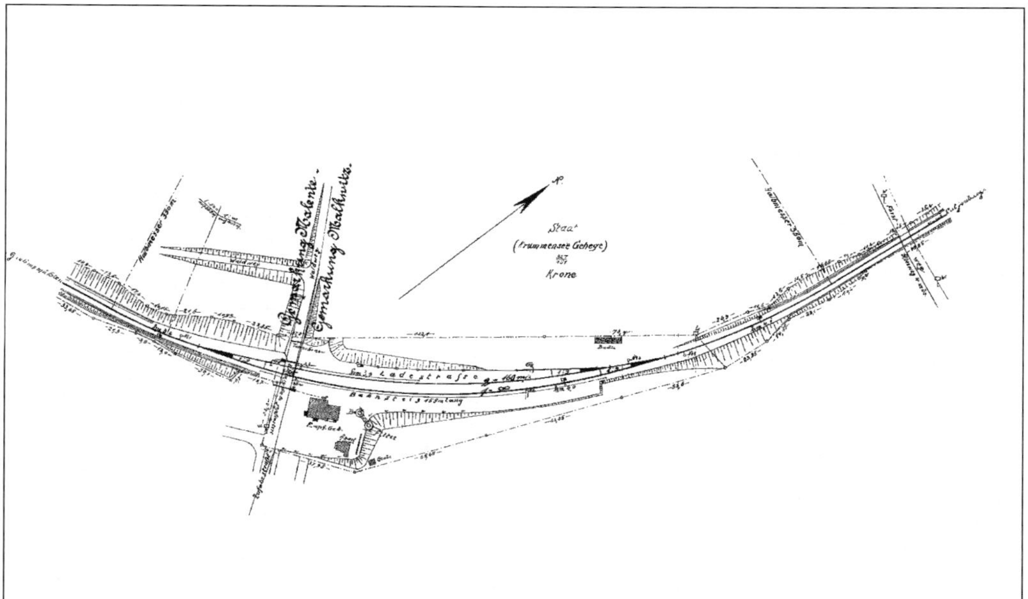

Die Haltestelle war um 1895 mit drei Handweichen, zwei Gleissperren, Kopf- und Seitenrampe sowie einer Viehbucht ausgestattet. Im Jahre 1916 wurde am Bahnübergang direkt am Bahnhof eine Schranke errichtet. Die Gleise wurden in den Fünfzigerjahren wieder zurückgebaut.

Anfang der Fünfzigerjahre steht der Personenzug nach Malente-Gremsmühlen zur Abfahrt bereit.

Die Deutsche Bundesbahn baute in den Fünfzigerjahren in zahlreiche Tender der Dampflokbaureihe 50 eine Zugführerkabine ein. Auch die 50 1478 ist mit so einem Kabinentender unterwegs. Mit dieser Veränderung gelang es der DB, die Güterzugbegleitwagen einzusparen.

Aus dem Schienenbus heraus fotografierte Willi Paustian das Empfangsgebäude. Die Aufnahme entstand bei der letzten Fahrt am 29. Mai 1976.

Nahezu unverändert präsentiert sich die Haltestelle im Jahre 1988, also zwölf Jahre nachdem der Personenverkehr eingestellt wurde. Die 212 311 fährt mit ihrem Nahgüterzug durch.

Das Empfangsgebäude Bruhnskoppel im August 1953.

Soeben ist der Güterzug eingetroffen. Ein Händler aus der Gegend wartet bereits auf seine Waren.

Heruntergekommen zeigt sich das Empfangsgebäude und der Bahnsteig im Jahre 1993. Aber bereits im Frühjahr 1994 kehrte noch einmal Leben in die ehemalige Haltestelle. Der damals noch junge Fernsehsender Pro 7 drehte hier einige Szenen für den Krimi „Kuckucksei" aus der Reihe „Alles außer Mord" mit Dieter Landuris, Michaela Rosen, Sebastian Koch, Christiane Paul, Guido Weißbach, Jasmin Tabatabai und der V 200 007 in den Hauptrollen.

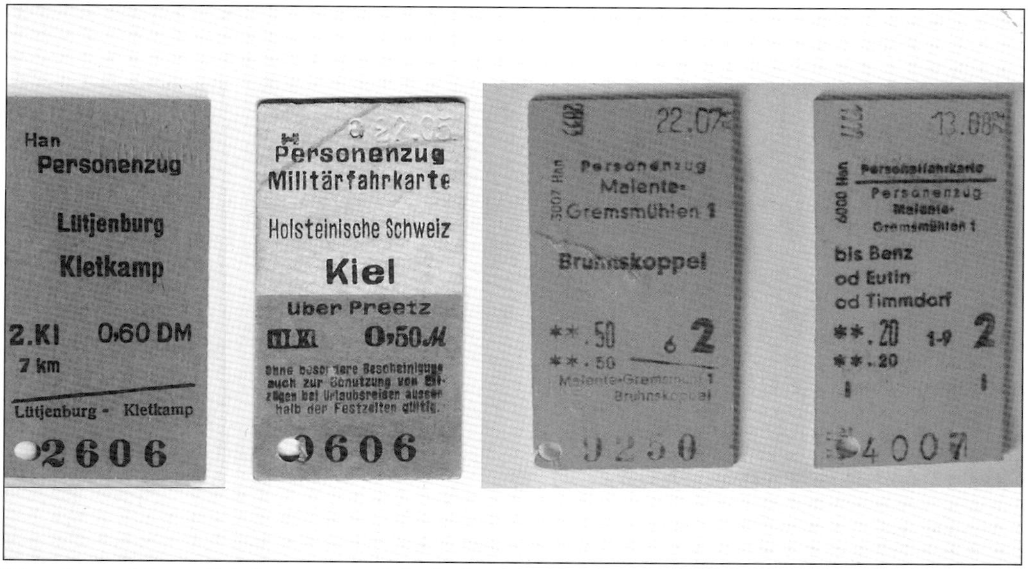

Eine Auswahl von Fahrkarten mit Bahnhofsnamen an der Strecke nach Lütjenburg.

Bereits vor 1890 wurde die Dampfziegelei Abel gegründet. Für den Lehmtransport von der anfangs nahe liegenden Lehmgrube entstand eine Feldbahn mit einer Spurbreite von 500 Millimetern. Zunächst wurden die Kipploren mit Muskelkraft oder Pferden bewegt. Als sich die Lehmgrube immer weiter von der Ziegelei entfernte, kaufte man um 1936 zwei Diesellokomotiven. Am Ende betrug die Gleislänge ca. 200 Meter, dazu kamen noch fünf Weichen und ein kleiner Lokschuppen.

Ein schöner Herbsttag war der 10. Oktober 1984, als die 212 088 mit ihrem Güterzug unterwegs nach Eutin den Bahnübergang in Malkwitz erreichte.

Mühevolle Handarbeit war das Verladen von Ziegelprodukten kurz nach der Jahrhundertwende. Die Ziegelei hatte in ihren besten Jahren 40 Mitarbeiter, die ausschließlich Drainagerohre und Hintermauerziegel herstellten. Nach einem Besitzerwechsel 1950 hieß die Firma Dampfziegelei

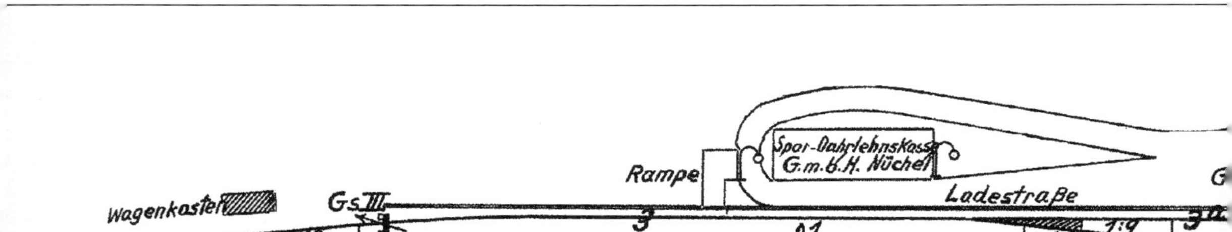

Der Mittelbahnsteig ist hier bereits wieder Geschichte und auch die Weichenverbindung (Weichen 3 und 4) zwischen Gleis 1 und Gleis 2 wurden entfernt. Der Gleisplan stammt von 1941.

Franz Hampel. Bis 1965 wurde sie mit Güterwagen bedient. Nach 1965 entstand daraus eine Betonfabrik. Die Anschlussweiche wurde 1979 entfernt.

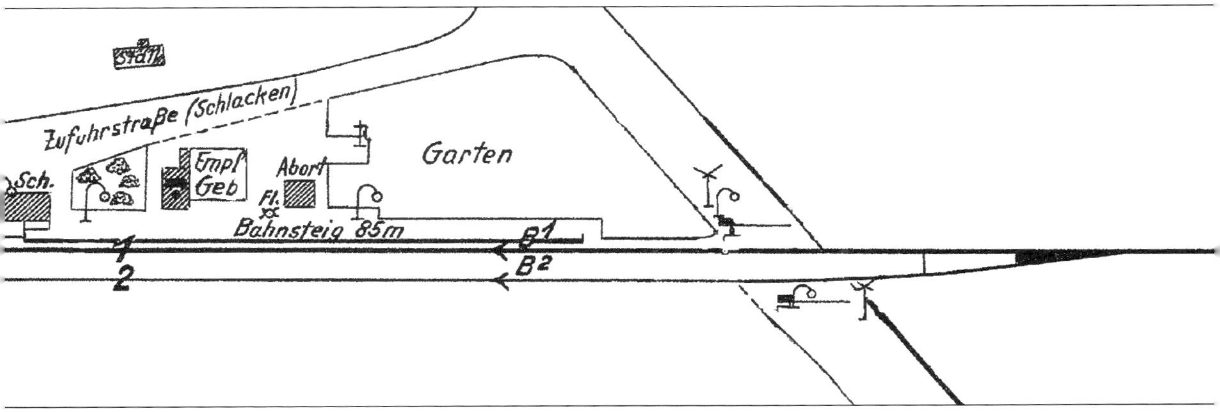

Das Empfangsgebäude Benz in den Vierzigerjahren.

Am 29. Oktober 2000 führte die VVM Museumsbahn Betriebsgesellschaft eine Rundfahrt durch Holstein durch. Auf dem Weg nach Lütjenburg legte der Sonderzug einen Fotohalt in Benz ein. Wer hätte damals gedacht, dass es der letzte Zug auf der Strecke sein würde! Am 31. Dezember 2000 wurde die Strecke endgültig stillgelegt.

Fahrdienstleiter Bordasch mit seiner Familie vor dem Empfangsgebäude.

Planmäßig waren die Lokomotiven der Baureihe 38 (preußische P 8) auf der Lütjenburger Strecke nicht unterwegs. Im Rahmen einer großen Abschiedssonderfahrt dieser Baureihe passiert die 38 2383 am 21. Mai 1972 das Einfahrtsignal des Bahnhofs Benz.

Neben dem Einsatz im Militärverkehr war die Baureihe 218 auch vor Durchgangsgüterzügen anzutreffen. Am 13. Juni 1989 durchfährt die 218 499 den Bahnhof Benz mit beladenen Düngerwagen.

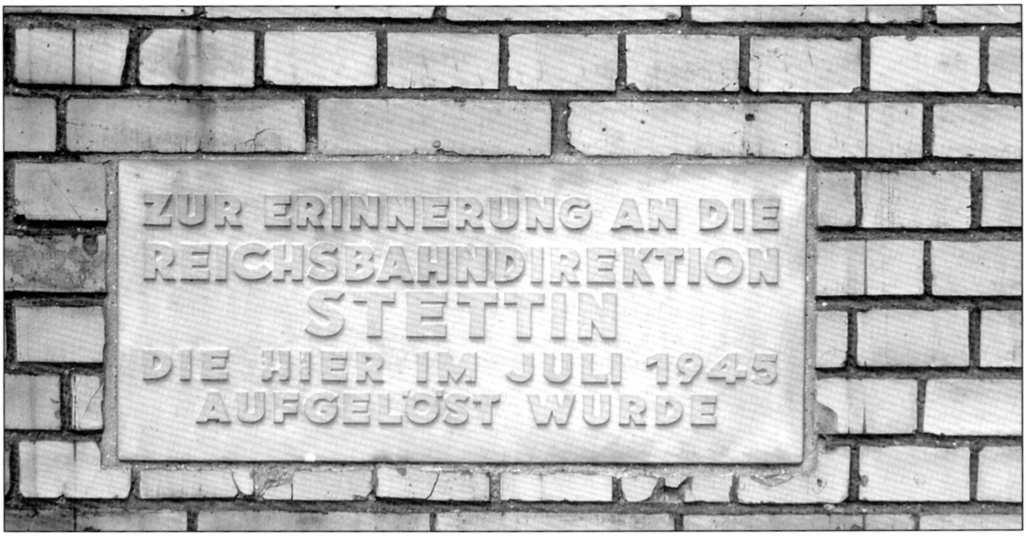

Im Frühjahr 1945 erreichte ein Sonderzug mit Mitarbeitern und Angehörigen der RBD Stettin den Bahnhof Benz. Im Bahnhof Benz stand aber nur ein Teil des Sonderzuges (mit dem RBD-Präsidenten). Der gesamte Zug bestand aus ca. 12 Wagen und war auf die Bahnhöfe Lensahn, Oldenburg/Holstein und Benz aufgeteilt. Diese Wagen wurden später wieder vereinigt und über Lüneburg nach Neumünster gefahren. In Neumünster wurde der Zug von den Alliierten beschlagnahmt. An die Auflösung der RBD Stettin im Juli 1945 erinnert eine Gedenktafel am Empfangsgebäude in Benz.

Zahlreiche Fotografen säumten die Strecke, als die 042 271 am 6. Juni 1994 mit einem Sonderzug zwischen Benz und Flehm unterwegs war.

Ein weiterer Sonderzug durchfährt am 7. Juli 1987 die Haltestelle Kletkamp.

Im Sommer 1966 erreichte ein Schienenbus die Haltestelle Kletkamp. Der Bahnübergang vor der Haltestelle wurde kurz vorher durch eine Brücke ersetzt.

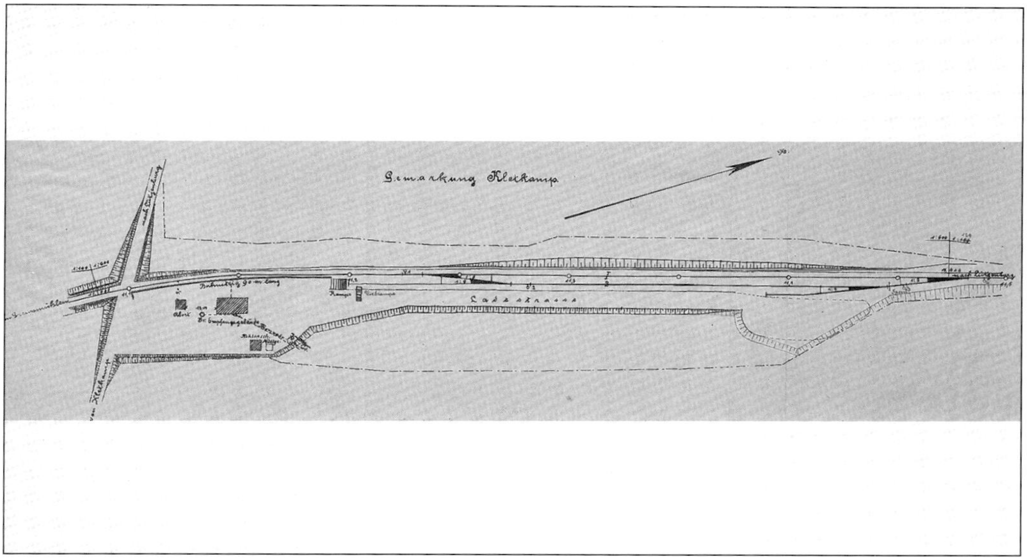

Im Jahre 1909 wurde das Gleis 2 Richtung Lütjenburg verlängert und ein zusätzliches Gleis (3) errichtet. Da in Kletkamp immer mehr Holz verladen wurde, reichten die vorhandenen Gleise nicht mehr aus.

Am Bahnsteig warten einige Fahrgäste auf den nächsten Zug. Im Hintergrund ist die Brücke zu sehen, die seit Frühjahr 1966 den Bahnübergang ersetzt hat.

Auch wenn der Personenverkehr schon 1976 eingestellt wurde, macht die Strecke einen sehr guten Eindruck. Nicht wenige Strecken können heutzutage von so einem Zustand nur träumen.

Die 212 259 passiert am 22. Juli 1989 den ehemaligen Haltepunkt Frederikental. Ob hier jemals Fahrgäste ein- oder ausgestiegen sind, ist nicht belegt.

3

Der Bahnhof Lütjenburg

Ein Bild aus der Anfangszeit des Lütjenburger Bahnhofs. Bereits wenige Jahre später wurden die Gleisanlagen und das Empfangsgebäude erweitert und ausgebaut.

Im Juli 1891 fuhr die Bahn bis Schmiedendorf, am Stadtrand von Lütjenburg. Am 15. Oktober 1892 war es dann soweit: Lütjenburg war an das deutsche Eisenbahnnetz angeschlossen, gleichzeitig wurde die Haltestelle Schmiedendorf wieder aufgelassen. Bis zu diesem Zeitpunkt konnte man Lütjenburg nur mit der Postkutsche oder über Hohwacht mit dem Schiff erreichen. Die Schiffe ankerten in der Hohwachter Bucht und die Fracht wurde in Ruderboote umgeladen oder auch umgekehrt. Dieses Verfahren war umständlich und zeitaufwendig, da nur bei ruhiger See be- und entladen werden konnte. Nachdem 1910 noch die Kleinbahn von Preetz Lütjenburg erreichte, war es mit den Schiffstransporten vorbei – damit ging eine Tradition zu Ende, die immerhin seit dem Mittelalter bestanden hatte. Hauptausfuhrgüter waren von da an Rapssaat, Weizen und Gerste, Einfuhrgüter waren Eisen und Eisenprodukte, Stückgut und Brennstoffe. Für die Landwirtschaft brachte die Bahn große Vorteile, denn vorher wurde das Vieh nach Plön getrieben, um es von dort zum großen Viehmarkt nach Lübeck zu transportieren. Durch den direkten Bahntransport von Lütjenburg war das Vieh nicht nur schneller in Lübeck, sondern es wurde auch ein besserer Preis erzielt, da das Vieh unterwegs kein Gewicht verlor.

Baubeginn für den Lütjenburger Bahnhof war im Jahre 1890. Das Fachwerkgebäude war ursprünglich mit Schiefer verkleidet. Im Empfangsgebäude befanden sich die Warteräume der zweiten und dritten Klasse. An das Empfangsgebäude schloss sich die Bahnhofsgaststätte an. Der Bahnhof der dritten Klasse besaß bei Betriebsaufnahme 13 Handweichen, Lokschuppen mit Behandlungsanlagen, eine Kopframpe und eine Seitenrampe mit Kran. Lütjenburg verfügte über zwei Bahnsteige. Der Hausbahnsteig hatte eine Länge von 75 Metern, der Zwischenbahnsteig eine Länge von 70 Metern. Um 1900 wurde eine in Kiel nicht mehr benötigte Drehscheibe in Lütjenburg eingebaut. Von 1910 an gab es noch die Kleinbahn Kirchbarkau–Preetz–Lütjenburg (KPL), deren Strecke am Lütjenburger Hausbahnsteig einmündete. Die Kleinbahn besaß in Lütjenburg einen Lokschuppen mit Behandlungsanlagen. Für die Nutzung der Staatsbahngleise musste die KPL eine Nutzungsgebühr entrichten. Nachdem die Kleinbahn 1938 ihren Betrieb einstellen musste, übernahm das Militär den Abschnitt Lütjenburg–Neuhaus als Anschlussgleis für den Seefliegerhorst Bellin am Selenter See. Die Bedienung des Anschlussgleises übernahm bis 1942 die Deutsche Reichsbahn. Die Gleise wurden 1943/44 abgebrochen.

Die Gleisanlagen und das Bahnhofsgebäude im Bahnhof Lütjenburg wurden im Laufe der Jahre mehrfach umgebaut und vergrößert. Bis zum Ende des Winterfahrplans 1953/54 waren in Lütjenburg Personenwagen beheimatet. Die Lokomotiven standen betriebsbereit im Lokschuppen und das Lokpersonal konnte im Bahnhofsgebäude in eigens 1914 eingerichteten Übernachtungsräumen schlafen. Der Lokschuppen wurde 1912 verlängert, sodass von da an zwei Tenderlokomotiven der Baureihe T 3 hineinpassten. Der Bahnhof bekam 1925 ein Stellwerk der Bauart Jüdel. Ab 1952 wurden in Lütjenburg Militärzüge be- und entladen, zunächst der Alliierten, ab 1957 dann auch von der Bundeswehr. Ziel der Züge war der Truppenübungsplatz in Todendorf. Im Jahre 1965 wurde die neue Kopframpe für die Militärverladung fertiggestellt, am Empfangsgebäude der Schiefer durch einen hellen Klinker ersetzt und der Flügel abgerissen, in dem sich einmal die Bahnhofsgaststätte befunden hatte. Zur gleichen Zeit ersetzte man die alte Unterführung an der heutigen Bundesstraße 202 durch eine neue Brücke. Die Bauarbeiten wurden unter laufendem Zugverkehr durchgeführt. Bis zur Einstellung des Personenverkehrs änderte sich wenig. Danach wurde auch das Personal in Lütjenburg verringert. Solange noch die Güter- und Militärzüge nach Lütjenburg kamen, war der Bahnhof noch mit einem Fahrdienstleiter besetzt, wenn auch nur stundenweise. Mit der Einstellung des Militärverkehrs 1995 endete dann auch die Zeit der Fahrdienstleiter. Von da an fuhren die Güterzüge, die zu Übergabe herabgestuft wurden, als Sperrfahrt nach Lütjenburg. Bis November 2000 kamen immerhin noch zahlreiche Sonderzüge hierher.

Gut 25 Jahre nach der Inbetriebnahme des Bahnhofs wurden die Gleisanlagen erweitert, ein zweiter Bahnsteig angelegt und das Empfangsgebäude um einen Stellwerksanbau ergänzt. Im Empfangsgebäude richtete man zudem Übernachtungsräume für die Lokpersonale ein.

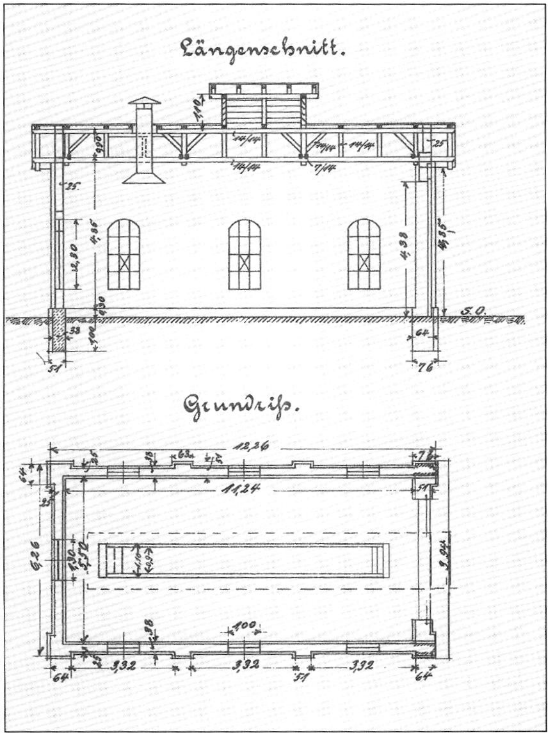

Da es leider kein brauchbares Foto vom Lütjenburger Lokschuppen gibt, muss diese Zeichnung genügen. Bis 1912 war das der Zustand, danach wurde der Lokschuppen um gut sechs Meter verlängert, sodass bei Bedarf zwei Tenderlokomotiven der Baureihe T 3 hineinpassten.

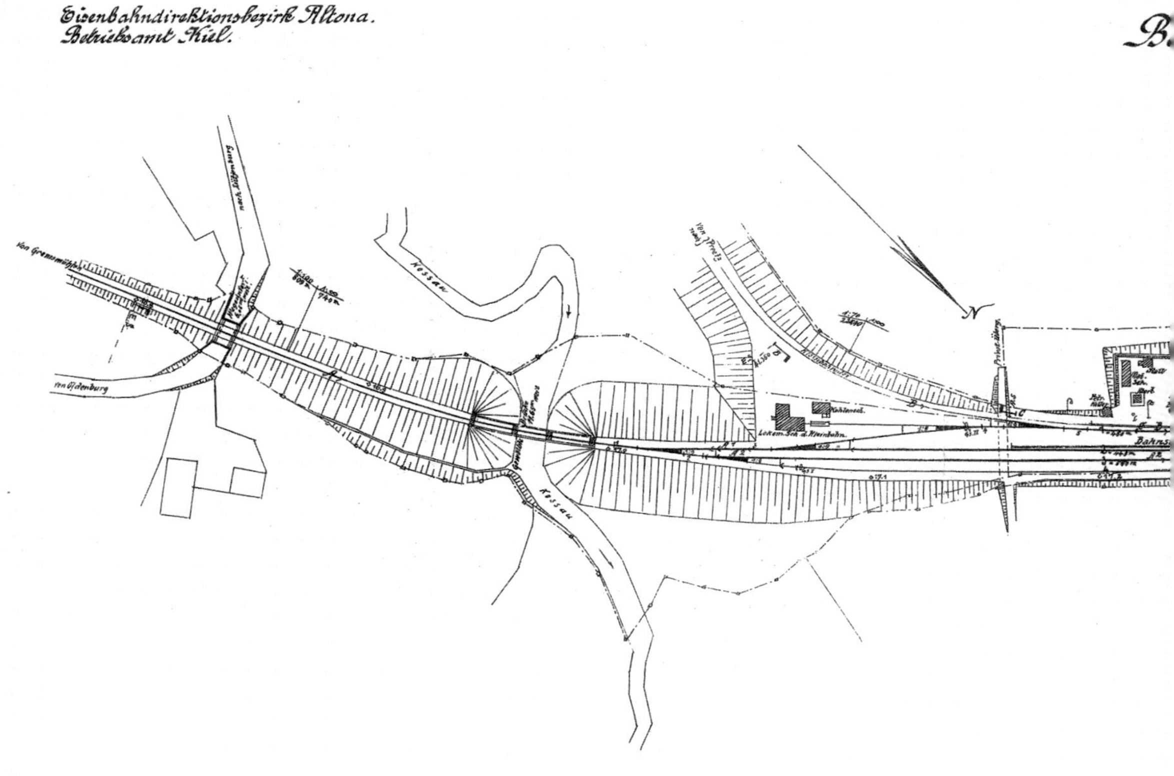

Der Gleisplan des Bahnhofs Lütjenburg aus dem Jahr 1916. Der Bahnhof hatte zu diesem Zeitpunkt seine höchste Ausbaustufe erreicht. Bis in die Vierzigerjahre änderte sich daran auch nichts mehr.

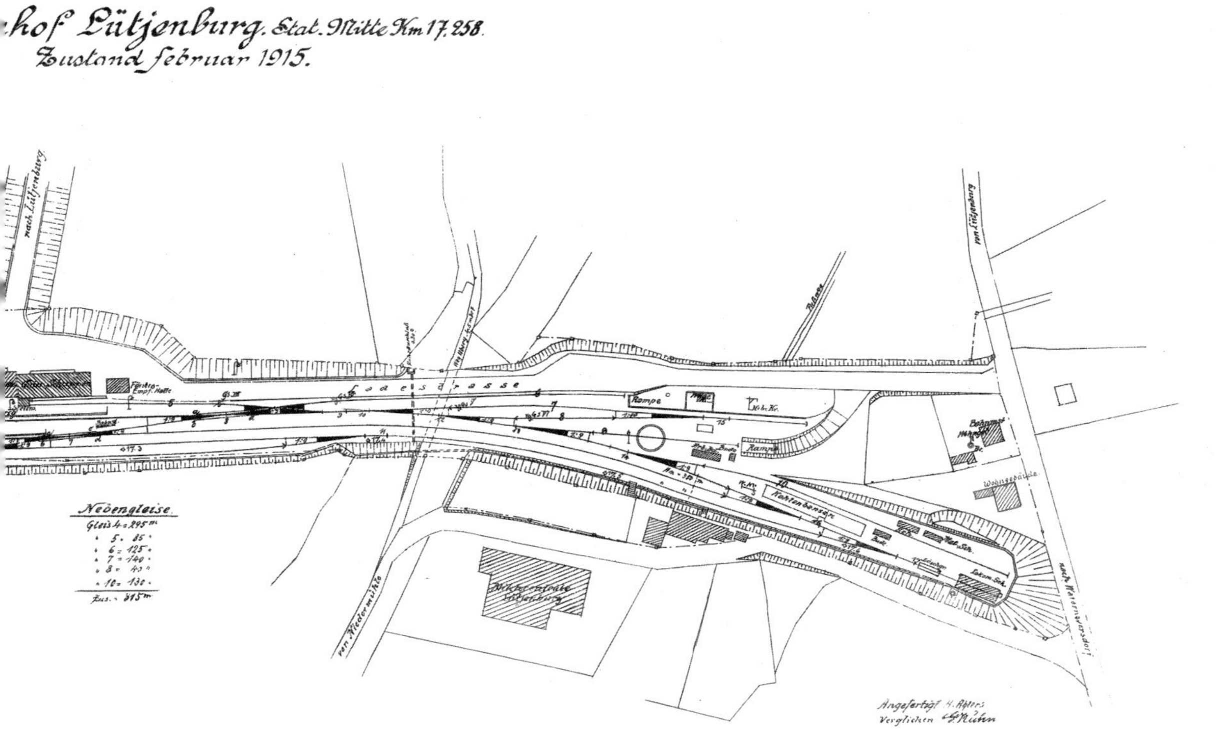

…hof Lütjenburg. Stat. Mitte Km 17,258.
Zustand Februar 1915.
nach Lütjenburg
von Lütjenburg
Ladestrasse
Rampe
Kohlenbansen
Nebengleise
Gleis 4 = 295 m
5 = 85
6 = 125
7 = 140
8 = 40
10 = 130
Zus. = 815 m
von Niedermühle
Wohngebäude

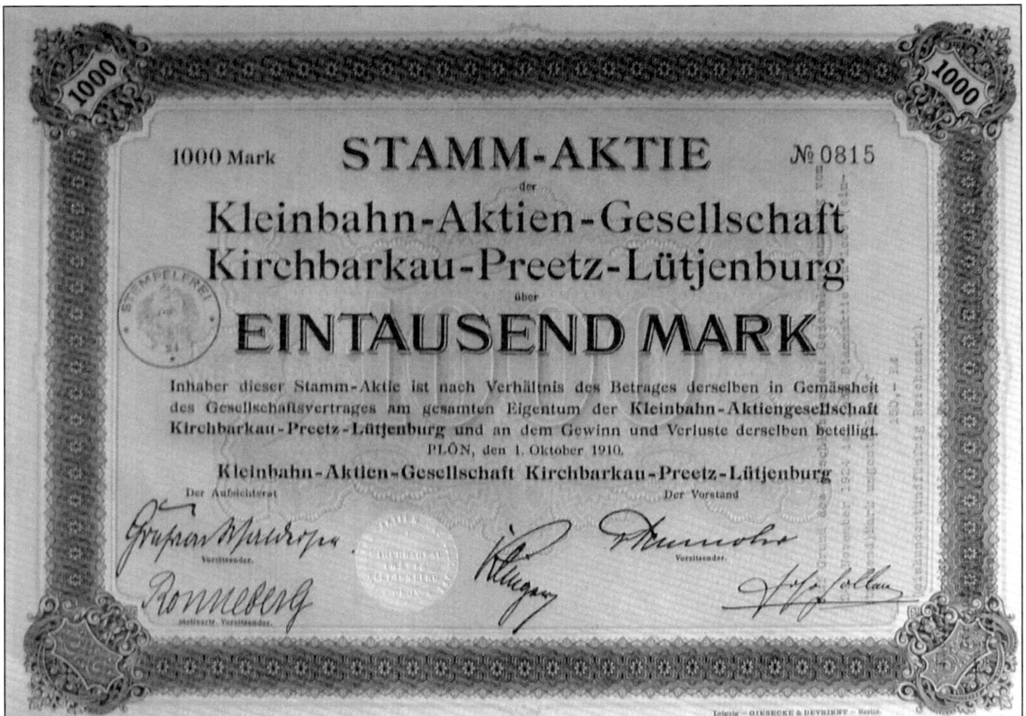

1000 Mark **STAMM-AKTIE** № 0815

der

Kleinbahn-Aktien-Gesellschaft Kirchbarkau-Preetz-Lütjenburg

über

EINTAUSEND MARK

Inhaber dieser Stamm-Aktie ist nach Verhältnis des Betrages derselben in Gemässheit des Gesellschaftsvertrages am gesamten Eigentum der Kleinbahn-Aktiengesellschaft Kirchbarkau-Preetz-Lütjenburg und an dem Gewinn und Verluste derselben beteiligt.

PLÖN, den 1. Oktober 1910.

Kleinbahn-Aktien-Gesellschaft Kirchbarkau-Preetz-Lütjenburg

Der Aufsichtsrat — Der Vorstand

Vorsitzender. — Vorsitzender.

stellvertr. Vorsitzender.

Leipzig – GIESECKE & DEVRIENT – Berlin

Die Aktie der Kleinbahn AG Kirchbarkau–Preetz–Lütjenburg (KPL) brachte für seine Aktionäre nicht ein einziges Mal Rendite. Daher ist es auch nicht verwunderlich, dass diese Bahn ihren Betrieb 1938 wieder einstellen musste.

Unter Volldampf verlässt ein Personenzug den Lütjenburger Reichsbahnhof. Nach nur wenigen Minuten Fahrzeit erreichte er die Station Lütjenburg-Kleinbahnhof.

Das Empfangsgebäude der Station Lütjenburg-Kleinbahnhof und ihr Erbauer. Der Vorarbeiter der Kleinbahn August Duggen errichtete das Empfangsgebäude im Jahre 1912 auf eigene Rechnung und stellte der Kleinbahn die für den Bahnbetrieb nötigen Räume zur Verfügung. August Duggens Ehefrau Adele erhielt eine Konzession für den Ausschank von Getränken. Außerdem verkaufte das Ehepaar hier Fahrkarten. Nach dem Unfalltod August Duggens im Jahre 1918 übernahm die Kleinbahn das Gebäude.

Das größte Kunstbauwerk an der Strecke ist die Brücke über die Kossau, kurz vor dem Endbahnhof Lütjenburg. Am 9. August 1892 schrieb eine Zeitung über die Brücke: „Von hier wird das Auge durch das prachtvolle Panorama gefesselt: Vor uns liegt die Stadt Lütjenburg, links das reizende Helmsdorf und rechts schweift der Blick über die lieblich gelegene Niedermühle ins Neudorfer Gut hinein.“ Die Fertigstellung der Brücke verzögerte sich immer wieder, da auf Schmiedendorfer Seite der Bahndamm einige Male wegen des moorigen Untergrundes nachgab.

Eine Lok der Baureihe 92 ist mit Rangierarbeiten beschäftigt. Diese Aufnahme wurde in den Fünfzigerjahren aus der Dienstwohnung des Bahnhofsvorstehers gemacht.

Einige Fahrgäste warten auf dem modernisierten Bahnsteig auf den nächsten Zug. In der Bildmitte zwischen Gleis 1 und 2 befindet sich die Tankstelle für den Triebwagen.

Soeben erreicht ein Schienenbus den Bahnhof Lütjenburg. Neben dem Schienenbus befindet sich noch der Mittelbahnsteig, dieser wurde später entfernt.

Aus den Übernachtungsräumen aufgenommen wurde dieser zur Abfahrt bereite Schienenbus nach Malente-Gremsmühlen.

Anfang des Jahres 1958 fanden sich in Lütjenburg einige Eisenbahner zu einem Erinnerungsfoto zusammen. Vor dem wartenden Schienenbus stehen (von links): Wilhelm Ehrich (Bahnhofsvorsteher), Heinrich Meyer (Fahrdienstleiter), Erich Holm (Güterbodenarbeiter), Hans Lilienthal (Zugführer) und ein uns unbekannter Lokführer aus Lübeck.

Der Fahrdienstleiter Siegfried Balzer bei der Arbeit im Schalterraum des Empfangsgebäudes.

Mit der Beschaulichkeit war es für die Bewohner dieses Hauses bald vorbei, denn der Straßenverkehr über die neu gebaute B202 wurde am Haus vorbeigeführt. Ein Vergleich mit dem Bild auf Seite 65 zeigt die Veränderungen.

Nur noch wenige hundert Meter muss dieser Güterzug zurücklegen, bis er sein Ziel erreicht hat. Die Aufnahme entstand im Januar 1958.

Im Januar 1958 machte die aus Neumünster kommende Dampflok der Baureihe 50 eine kleine Pause, später beförderte sie den Nahgüterzug wieder von Lütjenburg über Eutin nach Neumünster zurück. Im Hintergrund steht der ehemalige Wasserturm der Kleinbahn. Dieser wurde, nachdem die Kleinbahn ihren Betrieb 1938 eingestellt hatte, von der Reichsbahn übernommen.

Eine weitere Lok der Baureihe 50 bei Rangierarbeiten im Lütjenburger Bahnhof.

Das Empfangsgebäude von der Straße aus gesehen. Der Zahn der Zeit nagte schon am Gebäude, so fehlen einige Schindeln oder sind kaputt.

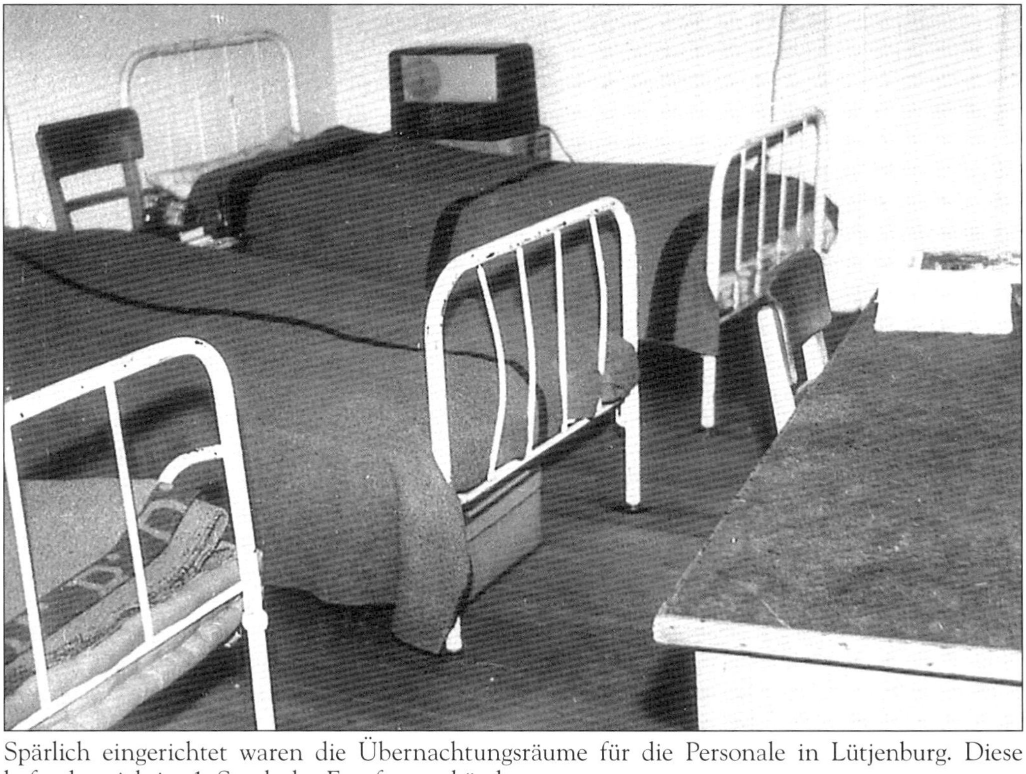

Spärlich eingerichtet waren die Übernachtungsräume für die Personale in Lütjenburg. Diese befanden sich im 1. Stock des Empfangsgebäudes.

Nein, die Mülltonnen sind nicht für die kleinen und großen Geschäfte gedacht: Der Abort befindet sich hinter den Büschen.

Anfang der Fünfzigerjahre musste die Brücke über die Kossau für die schweren Militärgüterzüge hergerichtet werden. Das Bauwerk wurde mit einer Betonhülle versehen.

Eine dreiteilige Schienenbuseinheit aus Lübeck kommend überfährt die Brückenbaustelle kurz vor Lütjenburg.

Einige Monate später nahm das Ganze Konturen an: Deutlich ist die B202 zu erkennen. Unter dem Kran befindet sich noch die alte Unterführung, die später von der Bundeswehr im Rahmen einer Übung gesprengt wurde.

Das Empfangsgebäude während des Umbaues. Unter den Schieferplatten kam das Fachwerk zum Vorschein, aber nur kurz, denn das Gebäude wurde komplett verklinkert.

Das Empfangsgebäude nach dem Umbau. Der schon seit einiger Zeit nicht mehr benötigte Anbau, der die Bahnhofsgaststätte beherbergte, war abgerissen worden.

Im Jahre 1952 begann die Zeit der Militärgüterzüge von und nach Lütjenburg. Zunächst waren es Lokomotiven der Baureihe 50 vom Bw Lübeck, die im Militärverkehr eingesetzt wurden.

Ziel der Militärtransporte war der 12 Kilometer entfernte Schießplatz Todendorf. Die Aufnahme zeigt das britische Camp Bravo im Jahre 1952.

Während noch Wagen zum Beladen bereitgestellt werden, sind schon einige M 113 fertig verladen.

Ein Militärgüterzug der US Army verlässt den Bahnhof Lütjenburg. Der Zug war so lang, das er nicht vollständig auf das Foto passt.

Die Lübecker 221 109 steht mit einem weiteren US-Militärzug zur Abfahrt bereit. Die britischen und amerikanischen Streitkräfte setzten meist eigene Reisezugwagen (deutscher Herkunft) ein. Wie viele Militärzüge auf der Strecke unterwegs waren, belegen folgende Zahlen aus dem Jahr 1973: 93 Vollzüge und 70 Leerzüge mit insgesamt ca. 40.000 Tonnen.

Für den Soldatentransport setzte die Bundesbahn alle gängigen Personenwagen ein. So auch die dreiachsigen Byg.

Neben Flugabwehrgeräten aller Art wurden auch Pioniereinheiten in Lütjenburg verladen. Eine Bundeswehreinheit verlädt Brückenleger vom Typ M 48 A2, auf der Rampe warten noch ein Bergepanzer vom Typ M 88 sowie ein Pionierpanzer vom Typ M 48.

Rückgrat der deutschen Flugabwehr war und ist der Flakpanzer Gepard. Zusammen mit einem Bergeleo machen sich 12 solcher Flakpanzer auf die Reise.

Es wurde zwar überwiegend Militärgut in Lütjenburg verladen, aber nicht nur, wie dieses Foto zeigt. Im Jahre 1972 gab es noch sechs Kunden, die auf der Schiene ihre Waren erhielten oder versendeten.

Die Arbeit ist vollendet: Die 261 707 steht zur Rückfahrt bereit.

Auch das gab es in Lütjenburg: Der Zug fährt ein und die Fahrgäste können in den Bus nach Hohwacht oder in ein wartendes Taxi einsteigen.

Abschied und Anfang zugleich: Zum Einen wurde am 21. Mai 1972 die Dampflokbaureihe 38 in Schleswig-Holstein verabschiedet, zum anderen war es der Beginn von Sonderfahrten nach Lütjenburg. Diese endeten erst im November 2000.

Noch gut sechs Wochen gab es Personenverkehr auf der Lütjenburger Strecke, als dieser Triebwagen auf dem Weg nach Malente-Gremsmühlen am 8. April 1976 das Einfahrtsignal des Lütjenburger Bahnhofs passierte.

Nachdenklich schaut der Lokführer auf der letzten Fahrt von Malente-Gremsmühlen nach Lütjenburg. Er musste nun auf anderen Strecken seinen Dienst verrichten.

Deutliche Spuren hat das Schneeräumen an der Schneefräse und der Diesellok hinterlassen. Die Aufnahme entstand im Winter 1978/79.

Nachdem der Personenverkehr zwischen Malente und Lütjenburg eingestellt worden war, wurde die nun nicht mehr benötigte Tankstelle in Lütjenburg ausgebaut.

Im Jahre 1989 machten die Gleisanlagen noch einen sehr gepflegten Eindruck.

Ein Blick in das Stellwerk Lf (Lütjenburg Fahrdienstleiter) und die dort befindliche Hebelbank für das Stellen der Signale und Weichen.

Dieser Sonderzug hatte Lütjenburg als Abgangsbahnhof. In acht IC-Wagen, gezogen von zwei Diesellokomotiven der Baureihe 218, machten sich am 22. September 1998 ca. 600 Schüler auf den Weg.

Diese dreiteilige Garnitur stand am 27. Juli 1985 zur Abfahrt bereit.

Auch den Wumag-Triebwagen der Buxtehuder-Harsefelder Eisenbahnfreunde hat es nach Lütjenburg verschlagen. In den Jahren 1986 und 1987 führte er Pendelfahrten zwischen Lütjenburg und Malente-Gremsmühlen durch. Auf dem Nachbargleis steht ein Militärgüterzug zur Beladung bereit.

Auch der Braunschweiger Vt 08 (613 603) besuchte den Bahnhof Lütjenburg. Der einstmals für den hochwertigen Schnellzugdienst gebaute Triebzug war zu diesem Zeitpunkt schon einige Jahre aus dem Regeldienst ausgeschieden. Einige dieser formschönen Garnituren wurden nach ihrer aktiven Einsatzzeit noch für Sonderfahrten genutzt.

In den Neunzigerjahren war die Rendsburger 042 271 Stammgast in Lütjenburg. Am 18. Juli 1992 präsentierte sich die bestens gepflegt Lok den Fotografen.

Steuerwagen voraus fuhr dieser Zug Richtung Malente-Gremsmühlen. Es handelt sich hierbei um Pendelfahrten im Sommer 1996 mit der V 200 007 und drei Personenwagen.

In den Jahren 1997 bis 2000 veranstaltete die DB Nostalgiefahrten in verschiedenen Gegenden Deutschlands. Auch die Lütjenburger Strecke wurde mit in das Fahrtenprogramm aufgenommen. Neben der 50 3688 (1997 und 1998) waren die 24 009 (1999) und die 86 457 (2000) im Einsatz. Die Aufnahme entstand im Juli 1997.

Die Lok 5 (MAK Baujahr 1912) des VVM steht zusammen mit dem Salonwagen Nr. 13 (Görlitz 1912) zur Abfahrt nach Malente bereit. Bei dieser Sonderfahrt wurde mal wieder über die Zukunft der Strecke verhandelt. Das Ergebnis ist bekannt.

Der Anfang vom Ende des Lütjenburger Bahnhofs: Nachdem Anfang 2001 die Entwidmung des nördlichen Bahnhofsteils (ca. 11.800 Quadratmeter) genehmigt wurde, machten sich die Bagger an ihr Werk.

Noch steht die Kopframpe, aber auch ihr Schicksal war einige Tage später mit dem Abbruch besiegelt.

4

Auf Schusters Rappen

Die Fotos des vierten und letzten Kapitels entstanden bei Wanderungen auf der Strecke in den Jahren 2004 und 2005 und werden ergänzt durch einige Aufnahmen aus den Jahren 2007 und 2008.

Im September 2008 wurde das Empfangsgebäude des Bahnhofs Lütjenburg abgerissen. Damit ist das letzte Bahngebäude Lütjenburgs verschwunden. Im Juni 2007 machte das Gebäude schon einen traurigen Eindruck.

Bereits im Jahre 2002 wurde das Bahnhofsgelände verkleinert und überbaut. Da, wo sich früher die Kopframpe für die Militärverladung befand, steht heute ein Discounter und eine Autowaschanlage.

Einen traurigen Eindruck macht das Stellwerk Lf im Inneren.

Am Einfahrtsignal des Bahnhofs Lütjenburg macht die Strecke noch einen guten Eindruck.

Der Bahnsteig des Haltepunktes Friederikental.

Der Bahnübergang wurde 1964 von Kilometer 12,935 nach Kilometer 12,912 verlegt. Der Grund dafür war der Ausbau des Gemeindeweges zwischen Blekendorf und Högsdorf. Bei dieser Ausbaumaßnahme wurde eine Blinklichtanlage aufgestellt und der Bahnsteig um wenige Meter verlegt. Es gab auch Überlegungen, einen zweiten Bahnsteig anzulegen, dieses Vorhaben wurde aber wieder fallen gelassen.

Das bestens gepflegte Bahnhofsgebäude in Kletkamp mit dem Güterschuppenanbau im Vordergrund.

Die Rückseite des ehemaligen Güterschuppens.

In den Anfangsjahren diente dieser Schuppen als Kohleschuppen. Dahinter befand sich einmal eine Müllgrube.

Die Kopframpe existiert heute ebenfalls noch. Auch einige Holzschwellen sind noch zu finden.

Kaum noch zu erkennen ist der Bahnsteig in Flehm.

Das Empfangsgebäude vom Bahnhof Benz. Im Hintergrund ist der angebaute Stellwerksraum zu sehen.

Der Stellwerksanbau aus einer anderen Perspektive. Um einen besseren Blick auf die Gleise zu haben, befand sich das Fenster ursprünglich weiter rechts. Das große Fenster in der Mitte wurde erst nach der eigentlichen Nutzung des Gebäudes als Stellwerksgebäude eingebaut.

Die ehemaligen Schuppen der Spar- und Darlehenskasse Nüchel mit dem Anschlussgleis davor.

Die gleichen Schuppen von der Rückseite.

Der Haltepunkt Malkwitz ist erreicht. Im Hintergrund ist eine Halle der ehemaligen Betonfabrik zu sehen.

Reste einer der Prellböcke des Anschlussgleises der Ziegelei in Malkwitz.

Das Empfangsgebäude der Haltestelle Bruhnskoppel wurde vor einigen Jahren neu verkleidet. Schöner wurde es dadurch aber nicht. Erahnen lässt sich der ehemalige Bahnsteig vor dem Gebäude.

Der zweite Bahnsteig ist hingegen noch zu erkennen.

Das Bild täuscht: Das Gebäude steht wie alle anderen Empfangsgebäude nicht leer.

Der Bahnübergang im Vordergrund wurde von 1913 bis 1967 durch einen Schrankenwärter bedient. Es war damit der letzte Schrankenposten an der Strecke.

Der Haltepunkt Malente Nord am 26. Juni 2008. Die auf dem Bahnsteig liegenden Gleise sind für das dritte Gleis der Schmalspurbahn gedacht.

Die Wanderung geht langsam ihrem Ende entgegen. Das Einfahrtsignal (inzwischen nicht mehr vorhanden) von Malente-Gremsmühlen ist erreicht.

Auf dem Abstellgleis in der Nähe des Bahnsteiges warten Fahrrad- und Handhebeldraisinen auf Fahrgäste – meist aber vergeblich. Bei Erscheinen des Buches hatte sich der Draisinenbetreiber bereits von dieser Strecke zurückgezogen.

2005 bemühte sich die Feld- und Kleinbahn Betriebs- gemeinnützige GmbH (FKBG) um das Projekt Malente-Lütjenburg. Mit Unterstützung der Kreise Ostholstein und Plön sowie der Anliegergemeinden – allen voran Malente – gelang es, das Projekt der schmalspurigen Kleinbahn auf den Weg zu bringen. Die Strecke selbst erwarb die Mittenwalder Eisenbahn-Immobiliengesellschaft GmbH & Co.KG. Seit 2006 teilt sich die FKBG die Strecke mit den Draisinenbahnen Berlin-Brandenburg GmbH & Co.KG Spreenhagen.

Lange bevor der Zug zu sehen ist, kann man ihn hören. Es ist immer genug Zeit, die Kamera herauszuholen, um ein Foto zu machen. Gezogen wird dieser Zug von der Kö 0409 (Baujahr 1935), dahinter folgen die Wagen 381 (Baujahr 1894) und 257 (Baujahr 1914). Nicht im Bild ist die Kö 0408 (Baujahr 1935); sie zog den Zug zurück nach Malente-Gremsmühlen.

Ein Blick in den Wagen 257. Die FKBG bauten den Wagen zum Bistrowagen um. Wer sich über die Zu(g)kunft der Strecke informieren möchte, kann dies im Internet unter: www.fkbg.de tun. Dort gibt es auch ausführliche Informationen über die eingesetzten und noch in der Aufarbeitung befindlichen Fahrzeuge.

Mit einem Bild des Empfangsgebäudes in Malente-Gremsmühlen endet unsere Wanderung. Wir wünschen den Betreibern dieser schönen Strecke für die Zukunft alles Gute.

Bücher aus der Reihe *Auf Schienen unterwegs*

Die Nebenbahn **Bodenheim-Alzey**

Gerhard Fillinger und Manfred Hinkel

ISBN: 978-3-86680-071-7 | 17,90 € [D]

Mit dem Quirl durch den Harz

Die Schmalspurbahn in alten Bildern

Rainer Dittmann

ISBN: 978-3-86680-035-9 | 17,90 € [D]

Die **Hohenzollerische Landesbahn** im 20. Jahrhundert

Boto Walldorf

ISBN: 978-3-86680-125-7 | 17,90 € [D]

Die Geschichte der Bahnhöfe **Pinneberg, Prisdorf und Halstenbek**

Reinhard Schlifke

ISBN: 978-3-86680-170-7 | 17,90 € [D]

Eisenbahnen im **östlichen Ruhrgebiet**

Michael Schenk

ISBN: 978-3-89702-786-2 | 17,90 € [D]

Eisenbahnen im **westlichen Ruhrgebiet**

Michael Schenk

ISBN: 978-3-86680-168-4| 17,90 € [D]

Die **Transsibirische Eisenbahn**

Bodo Thöns

ISBN: 978-3-89702-632-2 | 18,90 € [D]

SUTTON
VERLAG